AF329484

ÉTUDE SUR LA DÉTERMINATION

DES

FELDSPATHS

DANS LES PLAQUES MINCES

(Deuxième fascicule)

SUR L'ÉCLAIREMENT COMMUN DES PLAGIOCLASES ZONÉS

PROPRIÉTÉS OPTIQUES DU MICROCLINE

PAR

A. MICHEL LÉVY

Ingénieur en chef des mines
Directeur du service de la Carte géologique détaillée de la France

AVEC 13 PLANCHES EN COULEUR

PARIS

LIBRAIRIE POLYTECHNIQUE, BAUDRY ET Cⁱᵉ, ÉDITEURS

15, RUE DES SAINTS-PÈRES, 15

MAISON A LIÈGE, 21, RUE DE LA RÉGENCE

1896

Tous droits réservés.

ÉTUDE SUR LA DÉTERMINATION

DES

FELDSPATHS

DANS LES PLAQUES MINCES

AU POINT DE VUE

DE LA CLASSIFICATION DES ROCHES

BIBLIOTHÈQUE NATIONALE. IMPRIMÉS.

8° S
8306

ÉTUDE SUR LA DÉTERMINATION

DES

FELDSPATHS

DANS LES PLAQUES MINCES

(Deuxième fascicule)

SUR L'ÉCLAIREMENT COMMUN DES PLAGIOCLASES ZONÉS

PROPRIÉTÉS OPTIQUES DU MICROCLINE

PAR

A. MICHEL LÉVY

Ingénieur en chef des mines
Directeur du service de la Carte géologique détaillée de la France

AVEC 13 PLANCHES EN COULEURS

PARIS

LIBRAIRIE POLYTECHNIQUE, BAUDRY ET Cie, ÉDITEURS

15, RUE DES SAINTS-PÈRES, 15

MAISON A LIÈGE, 21, RUE DE LA RÉGENCE

1896

Tous droits réservés.

ÉTUDE

SUR LA

DÉTERMINATION DES FELSDPATHS

DANS LES PLAQUES MINCES

AU POINT DE VUE DE LA CLASSIFICATION DES ROCHES

(Deuxième fascicule.)

SUR L'ÉCLAIREMENT COMMUN DES PLAGIOCLASES ZONÉS

PREMIÈRE PARTIE

CONSIDÉRATIONS THÉORIQUES

Les épures[1] représentant en projection stéréographique les principales propriétés optiques des plagioclases, bien que susceptibles de nombreux perfectionnements de détail, permettent d'aborder la solution d'un certain nombre de problèmes nouveaux dont quelques-uns donnent naissance à des applications pratiques[2].

Je rappellerai sommairement que ces épures fournissent, en chaque pôle d'une section quelconque, la valeur absolue et le signe de l'angle d'extinction entre les nicols croisés, rapporté à la trace de g^1 (010) et à la direction négative d'extinction (n'_p). Elles donnent en outre approximativement la fraction de la biréfringence afférente à cette section, c'est-à-dire une valeur approchée

$$\text{B} = \text{n}'_g - \text{n}'_p .$$

Je rappellerai également, de la façon la plus sommaire pos-

---

[1] *Étude sur la détermination des feldspaths.* Paris, Baudry, 1er fascicule, 1894.
[2] Cs. *Becke*, Neues Jahrb., 1895.

sible, les résultats auxquels m'a conduit l'étude des positions d'égale intensité lumineuse de deux minéraux juxtaposés en plaque mince, renvoyant pour plus de détails aux « Minéraux des Roches[1] ».

Si l'on suppose qu'on a affaire à des minéraux peu biréfringents et à des plaques très minces, il n'est pas nécessaire d'opérer en lumière monochromatique, et l'identification des intensités et des teintes s'obtient avec une précision analogue à celle des extinctions elles-mêmes.

Dans ces conditions, si l'on appelle 2θ le plus petit angle compris entre les directions négatives d'extinction n'_{1p} et n'_{2p} des deux minéraux juxtaposés ;

B_1 et B_2 les différences $n'_{1g} - n'_{1p}$ et $n'_{2g} - n'_{2p}$, avec $B_1 > B_2$;

ω l'angle que fait la section principale du polariseur avec la bissectrice de l'angle 2θ, au moment des positions d'égale intensité lumineuse ;

toutes ces positions seront représentées par les deux équations suivantes :

$$\operatorname{tg} 2\omega = \operatorname{tg} 2\theta \, \frac{B_1 + B_2}{B_1 - B_2} \tag{1}$$

$$\operatorname{tg} 2\omega' = \operatorname{tg} 2\theta \, \frac{B_1 - B_2}{B_1 + B_2} \tag{2}$$

Les valeurs ω procurent non seulement l'éclairement commun des deux minéraux juxtaposés, mais encore celui des parties de la plaque mince où ils sont superposés en quotités quelconques ; ainsi quand il n'y a que deux substances optiquement différentes en présence, les valeurs ω donnent naissance à l'illusion d'un tout homogène. C'est ce que nous avons proposé d'appeler l'*égal éclairement total* ou *éclairement commun*, et sa recherche équivaut à l'emploi d'un réactif sensible décelant l'existence de deux corps distincts et seulement de deux corps.

Les valeurs ω' ne procurent pas cette même illusion ; car si elles correspondent aussi à des éclairements communs des deux minéraux juxtaposés, dans les parties où ils ne se superposent

---

[1] *Les Minéraux des Roches.* 1re partie, p. 73, Paris, Baudry. 1888.

pas, elles donnent par contre une extinction plus ou moins complète, par compensation des parties en superposition.

Si l'on appelle ε et ε' les plus petites valeurs des angles ω et ω', on a

$$\omega = \varepsilon \pm n \frac{\pi}{2} \qquad 0 < \varepsilon < \frac{\pi}{4}$$

$$\omega' = \varepsilon' \pm n \frac{\pi}{2} \qquad 0 < \varepsilon' < \theta < \frac{\pi}{4}$$

Il est facile de voir que l'angle ε, compté à partir de la bissectrice de l'ange 2θ, tombe en dehors de cet angle, du côté n'_{1p} d'extinction, se rapportant à la section la plus biréfringente.

Au contraire la direction ε' tombe dans l'angle 2θ; elle est, elle aussi, plus voisine de n'_{1p} que de n'_{2p}.

Il est clair que les épures I à VII (fascicule n° 1) des plagioclases permettent d'aborder tous les problèmes relatifs aux éclairements communs, puisqu'elles fournissent les angles 2θ et, très approximativement, les valeurs B_1 et B_2; M. Viola[1] en a déjà fait une intéressante application, en cherchant à tracer les courbes ε' *afférentes à la macle de l'albite*, pour l'albite et l'andésine.

Mais, d'une part, l'étude des angles ε est plus intéressante que celle des angles ε'; d'autre part la méthode de l'éclairement commun, appliquée aux diverses zones d'accroissement d'un plagioclase, est susceptible d'applications théoriques plus importantes et pratiques plus décisives, au point de vue du diagnostic, que celles qui se déduisent de l'éclairement commun des macles suivant la loi de l'albite.

Dans ce qui va suivre, nous supposerons d'abord la loi de Tschermak rigoureusement vraie : les plagioclases sont un mélange d'albite et d'anorthite en proportions variables. Si donc nous ne nous occupons que d'un cristal fondamental de plagioclase (et non de ses macles), il n'y a en présence que deux corps optiquement différents que nous supposons être de l'albite et de l'anorthite, ayant les faces g^1 (010) et les arêtes h^1g^1 (100) (010) parallèles, les faces p (001) à peu près parallèles. Dès lors, pour chaque pôle de l'épure stéréographique, il y a un angle ε, et un

---

[1] C. Viola. *Zeitschrift für Krystall.*, XXIV, p. 475, 1895.

seul, pour lequel l'éclairement commun se produit non seulement entre l'albite et l'anorthite supposés juxtaposés, mais encore pour tous leurs mélanges, c'est-à-dire pour tous les plagioclases, et par conséquent pour toutes leurs zones d'accroissement. Quant aux angles ε', ils ne se traduisent que par l'extinction plus ou moins complète des plagioclases intermédiaires et je n'en ai pas trouvé d'application pratique aux plagioclases zonés.

Nous avons tracé, sur une épure stéréographique, les courbes des angles d'égal éclairement total ε, en partant des épures I de l'albite et VII de l'anorthite ; on peut l'appeler (pl. IX) l'épure d'égal éclairemoment total des plagioclases. Mais au lieu de conserver l'angle ε rapporté à la bissectrice des extinctions, nous en avons déduit l'angle fait par le polariseur avec la trace de g^{ι} (010), au moment de l'égal éclairement total.

Appelons, pour un pôle quelconque,

λ, φ les coordonnées sphériques, méridiens et parallèles de ce pôle ;

α, β les angles d'extinction suivant n'_p de l'albite et de l'anorthite, rapportés à la trace g^{ι} (010) ;

E l'angle de l'égal éclairement total avec cette même trace. On a :

$$2\theta = \alpha - \beta$$

$$E = \frac{\alpha + \beta}{2} \pm \varepsilon \pm n \frac{\pi}{2}$$

On conviendra de prendre pour E seulement des valeurs comprises entre $-\frac{\pi}{4}$ et $+\frac{\pi}{4}$; il serait à coup sûr préférable de faire varier E de $-\frac{\pi}{2}$ à $+\frac{\pi}{2}$, comme nous l'avons fait pour les extinctions. Mais la distinction entre $+ E$ et $-\left(\frac{\pi}{2} - E\right)$ n'est pas possible, lorsqu'on n'a affaire qu'à des superpositions ; elle ne peut se faire que si les corps composants sont visibles isolément, et si l'on peut ainsi déterminer la direction n'_p de la section la plus biréfringente.

C'est le tracé des courbes d'égale valeur E, ainsi définie, que nous avons reproduit sur l'épure (pl. IX) ; il a été obtenu point par point, en supposant à l'albite et à l'anorthite une biréfringence

maximum de 0,009 et de 0,012, et en partant des épures I et VII
de l'étude sur la détermination des feldspaths.

Extinctions simultanées de l'albite et de l'anorthite. — L'examen
de la formule

$$\text{tg } 2\varepsilon = \text{tg } 2\theta \frac{B_1 + B_2}{B_1 - B_2}$$

fournit *a priori* un certain nombre de vérifications fort utiles
dont l'énumération a en outre un intérêt théorique : il y a d'abord
la courbe des *extinctions simultanées* de l'albite et de l'anorthite,
sur laquelle nous avons déjà insisté[1], parce qu'elle est jalonnée,
pour ainsi dire, par les axes optiques des plagioclases intermédiaires. A cette courbe correspondent deux boucles séparées, celle
des axes optiques A qui est de petites dimensions, et celle des
axes B qui est voisine d'un grand cercle de la sphère. Dans cha-
cune de ces boucles, on doit distinguer deux portions distinctes
limitées par les axes optiques de l'albite et ceux de l'anorthite,
mais se faisant suite sans discontinuité. L'une de ces portions
est telle que n'_{1p} est parallèle à n'_{2p} ; en d'autres termes les ellipses
des indices des deux corps sont, dans chaque section, allongées
dans le même sens ; on a $2\theta = 0$ et par suite $\varepsilon = 0$. Comme la
bissectrice de l'angle 2θ coïncide dans ce cas avec les axes n'_{1p} n'_{2p}.
l'égal éclairement total coïncide avec l'extinction simultanée et
les valeurs E sont identiques avec celles des extinctions. On sait
que, dans cette portion de la courbe des extinctions simultanées,
il ne peut naître d'axe optique de plagioclases intermédiaires.

L'autre portion est constituée par les pôles correspondant à des
ellipses croisées, dans lesquelles n'_{1p} coïncide en direction avec
n'_{2s}. La compensation peut s'effectuer et, dans l'hypothèse de
Tschermak, chaque point de la courbe correspond alors à l'axe
optique d'un plagioclase intermédiaire[2]. Ici la bissectrice de
l'angle 2θ est à 45° des extinctions, puisque cet angle 2θ est égal

---

[1] Recherche des axes optiques dans un minéral, pouvant être considéré comme
un mélange de deux minéraux déterminés. *Bull. Soc. Min. fr.*, t. VIII, n° 3, 1895.

[2] Ce plagioclase est caractérisé par l'équation $m_1 B_1 = m_2 B_2$, dans laquelle B_1 et
B_2 étant les biréfringences des sections d'albite et d'anorthite, m_1 et m_2 sont les
proportions relatives de ces corps composants.

à 90°. Mais pour $2\theta = \frac{\pi}{2}$, on a également $2\varepsilon = \frac{\pi}{2}$; dès lors ε est aussi égal à 45° et revient en coïncidence avec les directions d'extinction. Ainsi, les valeurs E sont identiques avec celles des extinctions, tout le long de la courbe des extinctions simultanées.

Egale biréfringence de l'albite et de l'anorthite. — Il y a cependant une différence importante entre les deux portions de cette courbe caractérisées par les valeurs $2\theta = 0$, $2\theta = \frac{\pi}{2}$. Pour la mettre en lumière, nous considérerons une autre série de pôles, ceux pour lesquels il y a identité de biréfringence entre les deux sections juxtaposées des corps composants, $B_1 = B_2$. Dans l'exemple choisi (albite et anorthite), le lieu en question est composé d'une double boucle en ∞. Alors $tg2\varepsilon$ devient infinie et ε égal à 45° ; on peut donc, par un simple examen des angles d'extinction α et β de l'albite et de l'anorthite, déduire la valeur de E :

$$E = \frac{\alpha + \beta}{2} \pm \frac{\pi}{4}$$

Il est facile de voir que cette boucle en ∞ coupe deux fois chaque portion de la courbe des extinctions simultanées ; car en passant d'un axe optique de l'anorthite à un axe optique de l'albite par un des deux chemins possibles sur cette courbe, la biréfringence de l'anorthite croît de 0 à un certain maximum et celle de l'albite décroît d'un certain maximum à 0.

Considérons d'abord les intersections qui sont situées sur la portion de courbe pour laquelle on a $2\theta = 0$. Pour ces points, $tg2\varepsilon$ est indéterminée et par conséquent toutes les courbes E doivent y converger.

En d'autres termes, comme on pouvait le prévoir, il y a égal éclairement total, dans tous les azimuths, pour ces deux pôles remarquables. Dans les plagioclases, l'un d'eux, correspondant aux axes optiques B, est sensiblement situé à l'intersection des coordonnées sphériques suivantes : $\lambda = -25°$, $\varphi = -31°$; pour l'autre (boucle des axes optiques A), on a, à peu près, $\lambda = +55°$, $\varphi = -54°$.

Les deux autres points d'intersection, pour $B_1 = B_2$ et $2\varphi = \frac{\pi}{2}$, correspondent à des pôles d'indétermination, non plus pour les valeurs ε d'égal éclairement total, mais bien pour les angles ε' d'éclairement commun réduit aux parties juxtaposées et non superposées.

Les courbes E doivent encore converger vers les pôles g^1 (010), mais ici l'apparente indétermination tient à celle de la trace de g^1 (010) sur g^1 (010) lui-même. En réalité les directions d'égal éclairement total sont parfaitement définies dans la section g^1 (010) ; pour les plagioclases, l'une d'elles fait $+ 37°$ avec la trace de p (001), dans le sens de Max Schuster, l'autre $- 53°$.

Une fois l'épure tracée, les applications théoriques s'en déduisent aisément ; car il est facile d'enregistrer la variation des angles d'égal éclairement total, le long des zones les plus importantes ou dans les sections les plus utiles, telles que celles qui sont perpendiculaires aux axes principaux d'élasticité ou aux axes optiques. D'une façon générale, l'éclairement commun permet souvent d'orienter une section de plagioclase dans les plaques minces.

Intensité lumineuse de l'éclairement commun. — On peut ajouter, aux données fournies par l'angle E, une notion de l'intensité lumineuse présentée par les plages considérées au moment de l'égal éclairement total. La valeur de cette intensité est proportionnelle à $B^2_1 \sin^2 2 (E - \alpha) = B^2_2 \sin^2 2 (E - \beta)$; l'intensité peut être mesurée par une biréfringence ; l'expression $b = B_1 \sin 2 (E - \alpha)$, pour chaque point des courbes E, donnera donc la possibilité d'assimiler l'intensité lumineuse des éclairements communs à l'intensité lumineuse maxima des sections de la même plaque mince ayant une biréfringence b.

Dans l'épure, planche IX, d'éclairement commun de l'albite et de l'anorthite, les courbes d'extinction simultanée ont une valeur $b = 0$; le maximum de b ne dépasse pas 0,0065, biréfringence du pôle d'indétermination existant sur la courbe des extinctions simultanées des axes optiques B. Le pôle similaire de la courbe des axes optiques A atteint environ 0,001 au maximum. Il y a quatre aires de maxima autour du pôle d'indétermination de la courbe B ; les maxima absolus sont cantonnés dans deux de ces aires, qui comprennent la majeure partie de la zone de symétrie, perpendiculaire à g^1 (010), et toutes les bissectrices n_p des plagioclases.

SECTIONS EN ZONES

1° ZONE DE SYMÉTRIE DE LA MACLE DE L'ALBITE, PERPENDICULAIRE A g^1 (010) ; $\varphi = 0$.

Le diagramme Pl. XII rend compte de l'utilisation de l'angle E, pour cette zone. En prenant E toujours plus petit que 45°, l'éclairement commun se produit du côté des extinctions n'_p des feldspaths compris entre l'albite (épure I) et l'oligoclase (épure II). De cet oligoclase à l'anorthite le côté des extinctions n'_p est toujours opposé à celui de l'éclairement commun E.

La courbe E atteint son maximum (44°) pour la coordonnée $\lambda = -70°$, c'est-à-dire à l'opposé des maxima des extinctions qui s'échelonnent de $\lambda = +80°$ à $\lambda = -8°$. Elle passe par le point d'extinction simultanée de la zone pour $\varphi = 0$ et $\lambda = -8°$ à 9° ; l'extinction coïncidant avec l'éclairement commun s'y fait à $+1°$.

Quand la macle de Carlsbad coexiste avec celle de l'albite, les angles E donnent sans amphibologie les coordonnées $\pm \lambda$ des deux individus maclés suivant la loi de Carlsbad. Le signe $+\lambda$ doit appartenir à l'individu présentant le plus grand angle d'extinction.

La proximité d'une bissectrice négative, visible en lumière convergente, détermine aussi le signe de λ qui est alors nécessairement positif ; dans ce cas encore, la valeur de E détermine sans amphibologie λ.

On voit, par ce qui précède, que, théoriquement, l'emploi de l'éclairement commun combiné avec la détermination du maximum d'extinction, supprime toute indécision de diagnostic dans la zone de symétrie. Il permet en outre, dans une section quelconque de cette zone, de décider à première vue s'il existe ou non, dans le plagioclase étudié, un feldspath d'acidité supérieure à l'oligoclase II à 18 p. 100 d'An. ; enfin, dans la plupart des cas, il donne une notion sur la valeur de λ, c'est-à-dire sur la position de la section considérée.

La valeur b (intensité lumineuse des éclairements communs, évaluée en biréfringence) varie, dans cette zone, de 0,0045 pour les maxima d'extinction des feldspaths les plus acides à 0 pour l'anorthite.

2° Zone pg^1 (001) (010) d'allongement des fibres variolitiques

L'éclairement commun reste constamment compris entre + 18° et + 37° ; il ne serait donc pas d'un grand secours pour le diagnostic de ces fibres qui, d'ailleurs, ne sont pas zonées. La seule remarque intéressante à faire consiste en ce que cette zone comprend le point singulier d'indétermination des éclairements communs appartenant à la courbe des axes optiques B. Ce point est approximativement à l'intersection des coordonnées $\lambda = - 26°$, $\varphi = - 30°$ dans l'angle obtus pg^1 (001) (010), à 60° de g^1 (010).

SECTIONS DÉTERMINÉES

1° Sections parallèles a g^1 (010)

L'égal éclairement total, rapporté à la trace de p (001), peut se déduire directement des données suivantes : extinction n'_{1p} pour l'anorthite, — 42° ; pour l'albite, + 20° ; biréfringence de l'anorthite égale aux 5/10 de sa biréfringence totale 0,012, soit 0,006 ; même donnée pour l'albite égale aux 44/100 de 0,009, soit 0,004 ; on a donc :

$$\operatorname{tg} 2\varepsilon = 5 \times \operatorname{tg} 62° \qquad \varepsilon = 42°$$

d'où E (rapporté à la trace p) $= + 37°$.

Le signe + est pris ici dans le sens de Max Schuster, c'est-à-dire dans l'angle obtus ph^1 (001) (100), du même côté que l'extinction de l'albite.

C'est aussi à ce signe et très approximativement à cette valeur

que conduit l'épure rapportée à la trace g^1 (010). On remarquera
en effet qu'il n'y a pas indétermination quant à la trace de g^1 (010)
sur g^1 (010), lorsqu'on suit une des zones parallèles à une droite
contenue dans ce plan, c'est-à-dire un des méridiens de l'épure.
Ceux de ces méridiens qui sont tangents aux courbes E = 0, par
exemple, font des angles λ de + 11° et — 79°. Comme la trace de
p (001) sur g^1 (010) correspond sensiblement au pôle $\lambda = -26°$,
on retombe sur la valeur 37° dans l'angle obtus ph^1 (001) (100).

Ainsi l'éclairement commun permet d'orienter une face g^1 (010),
lorsqu'on y connaît seulement la trace du clivage facile p (001);
il se produit du côté de cette trace où s'éteignent les feldspaths
compris entre l'albite et l'oligoclase III à 28 p. 100 d'An, du côté
opposé à l'extinction des feldspaths compris entre cet oligoclase et
l'anorthite.

La valeur b de l'éclairement commun, dans la face g^1 (010), est
d'environ 0,0022.

2° Sections perpendiculaires a la bissectrice négative n_p

On sait que la trace des bissectrices négatives des plagioclases
suit sensiblement celle du plan g^1 (010), de l'albite à l'andésine;
puis elle s'en écarte vers la gauche et atteint, pour l'anorthite,
les coordonnées $\lambda = +15°$, $\varphi = -32°$. En même temps, l'angle E
décroît de — 41° à — 24° sans changer de signe. D'autre part,
M. Fouqué a fixé avec une extrême précision les angles d'extinction des diverses sections perpendiculaires à n_p; d'après ses
dernières recherches, cet angle varie de — 16° (albite) à + 35°
(anorthite), quand on le rapporte à la direction négative, perpendiculaire au plan des axes optiques. L'extinction passe par 0°
pour un oligoclase à 18 p. 100 d'An (planche X). Les éclairements communs permettent donc, ici encore, de supprimer toute
amphibologie entre les feldspaths plus ou moins acides que cet
oligoclase. Par exemple, l'albite et l'andésine à 34 p. 100 d'An.
donnent, perpendiculairement à n_p, une extinction à 16° de la
trace g^1 (010); comme on n'a, en général, aucun moyen d'orienter la section considérée, le doute subsistera si l'on ne recourt à
l'éclairement commun : celui-ci se produit du côté de l'extinction

de l'albite, du côté opposé à l'extinction de l'andésine. En outre, sa valeur absolue diminue en même temps que l'acidité des plagioclases. Il suffit d'un zonage à peine indiqué pour obtenir cette orientation.

La valeur b des éclairements communs des sections perpendiculaires à n_p reste sensiblement constante pour tous les plagioclases et voisine de 0,0044.

3° SECTIONS PERPENDICULAIRES A LA BISSECTRICE POSITIVE n_g

De l'albite à l'oligoclase III (à 28 p. 100 d'An), les sections perpendiculaires à n_g sont trop voisines de g^1 (010) pour que la trace de ce plan puisse être utilisée; c'est à celle du clivage facile p (001) qu'il faut rapporter tout à la fois l'extinction négative (trace du plan des axes), et l'éclairement commun (voir pl. XI); pour les feldspaths acides voisins de l'albite, il se produit en sens inverse de l'extinction, au voisinage de 45°; pour l'oligoclase II (à 18 p. 100 d'An), la section est perpendiculaire à g^1 (010) en même temps qu'à n_g; nous avons vu que l'éclairement commun doit être à 37° de la trace p (001) du côté de l'extinction de l'albite.

Pour l'oligoclase III et jusqu'au labrador VI (à 60 p. 100 d'An), les traces p (001) et g^1 (010) sont sensiblement parallèles; l'éclairement commun se fait de nouveau en sens inverse de l'extinction, mais plus près de g^1 (010); les angles E doivent, en effet, rester compris entre 30 et 25°.

Les valeurs b varient entre 0,003 et 0,0022.

4° SECTIONS PERPENDICULAIRES A L'AXE D'ÉLASTICITÉ MOYENNE n_m

L'angle d'éclairement commun (pl. XIII) croît lentement de 4 à 20° pour les feldspaths acides jusqu'à l'oligoclase III; puis la courbe s'élève brusquement à des valeurs voisines de 45°; de l'andésine à l'anorthite elle oscille entre 45 et 35°. Les valeurs b subissent également de grandes variations : on trouve 0,0012 pour l'albite; b passe par un maximum de 0,006 pour l'andésine;

l'anorthite donne, pour ces sections, un éclairement équivalent à une biréfringence de 0,0026.

5° Sections d'extinction simultanée A

Ici l'éclairement commun coïncide avec l'extinction simultanée ; $b = 0$: il peut donc exister une zone toujours éteinte perpendiculaire à un des axes optiques A ; alors la nature de ce plagioclase toujours éteint est déterminée par l'angle d'extinction simultanée des zones accompagnatrices : cet angle est de $+ 32°$ pour l'albite et les feldspaths acides (pl. XIV) ; il passe à 0° pour la bytownite à 67 p. 100 d'anorthite et atteint $— 30°$ pour l'anorthite. La biréfringence maxima des zones successives ne peut dépasser 0,002, ce qui permet de différencier ces sections des suivantes.

6° Sections d'extinction simultanée B

La courbe des extinctions simultanées (pl. XV) part de $+ 30°$ pour l'albite, passe à 45° pour un oligoclase encore très acide à 12 p. 100 d'anorthite et décroît ensuite de $— 45°$ à 0° pour une bytownite à 80 p. 100 d'anorthite ; à partir de ce plagioclase, l'extinction reste positive jusqu'à l'anorthite, mais ne dépasse pas 1 à 2°. La biréfringence des zones peut varier de 0 à 0,010.

Dans le cas examiné aux paragraphes 5 et 6, lorsqu'on possède une zone toujours éteinte, c'est-à-dire perpendiculaire à un axe optique, elle jalonne un changement de signe dans le sens de l'extinction simultanée la plus voisine de la trace g^1 (010) : supposons par exemple un plagioclase zoné, allant de l'oligoclase à la bytownite et présentant une zone de labrador à 55 p. 100 d'anorthite, toujours éteinte, perpendiculaire à un axe optique B ; l'extinction simultanée de toutes les zones se fera à $— 8°$; elle s'appliquera à la direction négative n'_p de tous les feldspaths plus acides que le labrador, à la direction positive n'_g de tous les feldspaths plus basiques.

DEUXIÈME PARTIE

ÉTABLISSEMENT DE DIAGRAMMES POUR LES APPLICATIONS PRATIQUES

Les considérations, qui précèdent, suffisent pour expliquer l'intérêt que présente le tracé des courbes d'égal éclairement total, sur des diagrammes qui résument l'étude des principales zones et des principales sections de plagioclases.

Sans doute, les données dont nous sommes partis pour tracer nos épures, sont sujettes à revision et les diagrammes ci-joints n'ont pas la prétention d'être tout à fait exacts. Mais les études détaillées, comme celles de Max Schuster et de M. Fouqué, leur donnent une précision de plus en plus approchée et nous induisent à penser que les déterminations optiques des plagioclases en plaque mince peuvent se faire, dès à présent, à quelques centièmes près d'anorthite.

Dans chaque diagramme [1], l'échelle horizontale porte trois graduations : la première en p . 100 d'anorthite d'après la méthode de Tschermak ; la seconde en p . 100 de silice ; la troisième se réfère à l'ancienne notation des plagioclases et représente la proportion d'oxygène de la silice par rapport à celle des bases. Il est facile de voir que la seconde échelle a son unité dans un rapport sensiblement constant avec celle de la première ; quant à la troisième, son unité croît très vite avec la basicité du plagioclase considéré ; elle donne de bons repères pour les noms anciennement usités.

Les deux premiers diagrammes, que nous avons construits,

---

[1] Comme dans le 1ᵉʳ fascicule (1) désignera le cristal fondamental, (1') la macle de l'albite, (2) et (2') la macle de Carlsbad et ses lamelles suivant la loi de l'albite.

sont ceux afférents aux sections perpendiculaires aux bissectrices n_g et n_p ; nous avions pour point de départ les données si nombreuses et si précises dues à M. Fouqué, ainsi que les analyses, après purification, dont il a accompagné ses principales monographies. Après ce premier tracé, nous nous sommes rendu compte que nous pouvions combiner le diagramme relatif à n_g avec les extinctions sur g^1 (010), et le diagramme relatif à n_p avec les extinctions maxima de la zone de symétrie.

Sections perpendiculaires à n_g et sections g^1 (010) (Pl. X)

Pour établir le diagramme n_g, nous avons d'abord reporté sur du papier quadrillé toutes les données dont nous sommes redevables à M. Fouqué, et nous avons tracé la courbe médiane du fuseau, très renflé aux abords du labrador, que nous avions ainsi obtenu ; il nous a fallu éliminer quelques-unes des observations relatives à des oligoclases qui s'écartent trop de la moyenne. Cette courbe passe à 0° pour un oligoclase à 28 p. 100 d'An [1] et détermine ainsi la place de l'épure fondamentale III, dont les données ont été choisies précisément pour rendre le plan $n_g\,n_m$, perpendiculaire à g^1 (010) ; en d'autres termes n_p est contenu dans g^1 (010).

Quand on trace, sur le diagramme, la courbe afférente au clivage p (001), rapporté à la trace de g^1 (010), dans toutes les sections perpendiculaires à n_g, on voit cette courbe partir de — 23° pour l'albite, passer à — 90° pour l'oligoclase à 18 p. 100. puis revenir de + 90° à 0° par des valeurs positives entre cet oligoclase et celui à 28 p. 100 d'An. De ce point au labrador à 60 p. 100 la trace p (001) est parallèle à g^1 (010), à 1° près ; la courbe suit donc l'abscisse 0 ; puis elle s'infléchit vers les valeurs positives et atteint + 23° pour l'anorthite.

Il est nécessaire de rapporter exclusivement à p (001) les extinctions jusqu'à l'oligoclase à 28 p. 100. Nous verrons en effet que, dans l'oligoclase à 18 p. 100, la section perpendiculaire à

[1] Dans ce qui va suivre, le pourcentage des plagioclases sera toujours rapporté à la quantité d'anorthite contenue, en supposant la loi de Tschermak rigoureuse.

n_g se confond sensiblement avec g^1 (010) ; dès lors, à droite et à gauche de ce point, l'intersection avec g^1 (010) doit être trop oblique et trop indécise pour servir de ligne de repère et, tout au contraire, la trace p (001) est facile à utiliser ; car ce plan est presque perpendiculaire aux sections considérées.

De l'oligoclase à 28 p. 100 au labrador à 60 p. 100, la courbe, rapportée à p (001), se confond avec celle rapportée à g^1 (010) ; il y a pour ainsi dire raccord ; puis, à partir du labrador à 60 p. 100, la courbe est exclusivement rapportée à la trace g^1 (010).

Il est d'autant plus facile de reporter, sur le diagramme, la courbe des extinctions sur g^1 (010) par rapport à la trace p (001), que, jusqu'à l'andésine à 40 p. 100, cette courbe se confond très sensiblement avec la précédente. Nous avons recouru, pour la tracer, aux données de Max Schuster, modifiées, à partir des andésines, dans le sens d'une augmentation sensible des angles négatifs ; nous avons en effet de nombreux exemples d'anorthite, donnant sur g^1 (010) des extinctions de — 41°, — 42°, — 43°.

On a vu, plus haut (page 81) quel est le tracé de la courbe des éclairements communs, pour les sections perpendiculaires à n_g ; celui de la face g^1 (010) se fait à + 37° dans le sens positif de Max Schuster, c'est-à-dire du même côté de la trace p (010) que l'extinction de l'albite.

Il est utile de chercher où se fait l'extinction des lamelles maclées suivant la loi de l'albite, dans les sections perpendiculaires à n_g ; au voisinage de g^1 (010), la macle de la péricline peut être visible et l'on admet qu'elle est optiquement orientée comme celle de l'albite ; ce postulatum n'est pas tout à fait exact, notamment dans les bytownites et l'anorthite ; mais les différences d'extinction sont toujours très minimes. Comme on pouvait le prévoir à priori, les extinctions (1′) se font avec (1), à 1 ou 2° près, de l'albite à l'andésine à 34 p. 100. Puis la courbe (1′) se sépare nettement, passe par un maximum de — 6° vers le labrador à 47 p. 100 et redescend à 0° pour l'anorthite.

Dans les cristaux très zonés, voisins de g^1 (010), l'emploi de la lumière convergente permet souvent de juger de la précision même de l'orientation. Si l'on a affaire à une section orientée rigoureusement suivant g^1 (010), l'oligoclase à 18 p. 100 doit montrer sa bissectrice n_g sensiblement centrée et s'éteindre à $+ 7$ à $8°$ de la trace p (001).

Si au contraire, c'est une autre zone qui se montre à peu près centrée pour n_g, son extinction et le signe de cet angle déterminent très approximativement le pôle de la section sur la courbe des pôles n_g tracée dans l'épure VIII (1er fascicule). On peut dès lors apporter aux données, fournies par les autres zones, les corrections nécessaires, et approcher de l'exacte détermination qui est le but auquel tendent tous ces efforts.

La macle suivant p (001) avec axe de rotation pg^1 (001) (010), telle que la présentent les albites d'Ala, les andésines de Saint-Raphaël, etc., offre une précieuse vérification de la position des axes n_g d'un grand nombre de plagioclases (de l'oligoclase au labrador-bytownite), le long du grand cercle perpendiculaire à p (001) et à g^1 (010), ainsi que le montre l'épure fondamentale n° VIII. Dans ces macles, en effet, les deux cristaux, non retournés suivant la loi de l'albite, sont simultanément perpendiculaires à n_g. Pour l'andésine des nouvelles carrières du Petit-Caoux près Saint-Raphaël qui présente fréquemment la macle d'Ala, l'axe n_g est rigoureusement perpendiculaire à pg^1 (001) (010) ; cette andésine correspond à une extinction à $- 13°$, perpendiculairement à n_g, et le diagramme lui assigne 44 p. 100 d'An.

D'une façon générale, dans la recherche des sections perpendiculaires à n_g, la distance angulaire du même axe dans le cristal maclé permet de juger si l'on a affaire à la macle d'Ala ou à celle de Carlsbad, à moins que l'on ne soit au voisinage de l'oligoclase à 18 p. 100, dans lequel les deux macles remplissent cette condition.

SECTIONS PERPENDICULAIRES A n_p ET MAXIMA DE LA ZONE DE SYMÉTRIE PERPENDICULAIRE A g^1 (010) (Pl. XI)

Nous avons suivi le même précédé que pour n_g et nous aurions les mêmes observations à faire au sujet de l'utilisation des résultats fournis par les monographies de M. Fouqué. La courbe moyenne (abstraction faite des anomalies accidentelles) passe au 0° pour un oligoclase à 18 p. 100 et change ensuite de signe. Ce point de repère jalonne donc la meilleure position de l'épure n° II, dans laquelle précisément le plan des axes a été choisi perpendiculaire au plan g^1 (010) avec n_m contenu dans ce plan. Il résulte des données mêmes de l'épure, que n_g se confond, à 1 ou 2° près, avec le pôle de g^1 (010). Ainsi la section perpendiculaire à n_p s'éteint bien à 0° de la trace g^1 (010), et la section perpendiculaire à n_g se confond avec g^1 (010).

Une fois les courbes n_g et n_p tracées, les épures du 1er fascicule peuvent être assez facilement repérées par rapport aux échelles horizontales : l'albite I, le labrador VI et l'anorthite VII se placent bien et sans objection sur les ordonnées à 2 p. 100 ; 60 p. 100 et 96 p. 100 d'anorthite. On a vu que l'oligoclase II se repère nécessairement à 18 p. 100 et l'oligoclase III, à 28 p. 100.

L'épure de l'oligoclase II ne donne prise à aucune critique importante ; quant à celle de l'oligoclase III, il est évident que le plan des axes devrait en être un peu plus infléchi vers la droite ; le maximum de la zone de symétrie doit par là même s'accentuer davantage et passer de 5 à 9 ou 10°.

L'andésine IV se classe convenablement à l'abscisse 34 p. 100. Quant au labrador V, il est aux abords de 47 p. 100 avec des erreurs possibles de 3 à 4° sur le maximum de la zone de symétrie.

Cette mise en place des épures fondamentales atténue, dans la mesure du possible, les erreurs inhérentes à de pareilles moyennes ; nous sommes, en dernier lieu, parti des moyennes de M. Fouqué en les interprétant, parce que ce sont les données pratiques qui nous inspirent la plus grande confiance, dans l'état actuel de la science. Mais il n'est pas inutile de signaler que les légères corrections à apporter aux épures n°s III et V en écarteraient les données de celles de M. de Fédorow, par exemple. Il paraît donc préférable, dans une première approximation, de faire une sorte de moyenne entre tous ces résultats et, après avoir placé les épures comme nous l'avons tenté, de s'en servir sans autre correction immédiate.

Pour juxtaposer la courbe des maxima, caractéristiques de la zone de symétrie, à celle des sections perpendiculaires à n_p, il suffit de jeter un coup d'œil sur les principales épures. Les deux courbes se confondent, à 1° près, de l'albite à l'andésine à 34 p. 100. Puis la courbe des maxima monte plus rapidement que l'autre et reste toujours au-dessus d'elle; elle atteint 38° dans le labrador à 60 p. 100, 52° dans l'anorthite à 96 p. 100, et 90°, avec passage par l'indétermination dans l'anorthite de M. de Fedorow et dans celui de M. Becke; on sait en effet que, d'après ce dernier savant, l'axe optique B de l'anorthite pourrait traverser la trace de g^1 et se trouver sur l'épure à gauche de cette trace.

En partant des données des épures, on a tracé, sur le diagramme planche XI, les courbes suivantes toutes rapportées à la trace de g^1 (010) : direction du clivage p (001) ; direction approximative de la macle de la péricline ; éclairement commun dans les sections perpendiculaires à n_p ; éclairement commun dans les sections à extinction maxima de la zone de symétrie ; extinction de la lamelle (1') (macle de l'albite) dans les sections perpendiculaires à n_p ; extinction de la lamelle (2') (macle de Carlsbad) dans les maxima de la zone de symétrie.

Sur les deux premières courbes, clivage p, macle de la péricline, nous remarquerons que l'extinction négative des sections perpendiculaires à n_p se fait toujours, à partir de l'oligoclase à 18 p. 100, dans l'angle aigu fait par g^1 (010) et ces directions, en s'éloignant de g^1 (010) et se rapprochant de p (001) à mesure que les plagioclases deviennent plus basiques.

Les éclairements communs donnent un moyen précieux d'orienter les sections perpendiculaires à n_p ou à g^1 (010) ; nous avons insisté sur cette propriété, pages 78 et 80.

Avec les maxima de la zone de symétrie, les extinctions (2') (macle de Carlsbad) donnent aussi un moyen d'orientation sur lequel nous avons fourni les détails nécessaires dans le 1er fascicule ; extinction à peu près simultanée de (1) et de (2') dans la série acide jusqu'à l'oligoclase à 18 p. 100 ; différence atteignant 10° dans les andésines, 16° dans les labradors, 45° dans les anorthites.

La macle de l'albite (1') se comporte dans la série acide des sections perpendiculaires à n_p, comme si elles appartenaient à la

zone de symétrie. La dissymétrie s'accuse dans le labrador à
47 p. 100 par une différence de 3 à 4° ; dans celui à 60 p. 100,
cette différence atteint 17° et la macle (1') s'éteint à — 48° tandis
que (1) s'éteint à + 31° ; elle va croissant jusqu'à l'anorthite.

Sections perpendiculaires a g^1 (010), zone de symétrie de la macle de l'albite (Pl. XII)

Le diagramme de la planche XII reproduit les principales parti-
cularités de cette zone si importante et si facile à reconnaître dans
les plagioclases. Les courbes ont été obtenues par interpolation.
Les deux principales additions qui le distinguent des diagrammes
similaires que nous avons déjà publiés, sont d'une part la
courbe de l'éclairement commun, d'autre part celles des anorthites de M. de Fedorow et de M. Becke. Nous y avons en outre
ajouté une notion sur la biréfringence absolue des sections correspondant au maximum de l'extinction et sur la biréfringence
relative des éclairements communs.

L'éclairement commun permet de vérifier, dans une section
quelconque de la zone, s'il existe des feldspaths plus ou moins
acides que l'oligoclase à 18 p. 100 ; cette propriété, précieuse au
point de vue pratique, a été développée page 78 ; elle se déduit
du reste de la simple inspection du diagramme, planche XII.

La biréfringence des sections au maximum d'extinction peut
rendre de réels services au voisinage de l'anorthite et entre l'andésine et l'albite ; elle passe pratiquement par l'indécision aux
abords de l'oligoclase à 18 p. 100.

Dans toute la série acide, la distance angulaire des bissectrices n_p
du cristal (1) et du cristal (1') peut aussi donner des mesures
intéressantes, analogues à celles que M. Becke a proposé d'em-
ployer dans la série basique pour mesurer la distance angulaire
à laquelle les axes optiques B de (1) et de (1') percent le champ
du microscope. A vrai dire, cette élongation est presque nulle et
varie peu de l'albite à l'oligoclase à 28 p. 100. Mais entre cet
oligoclase et le labrador, la méthode est d'autant plus facile à
appliquer que. d'une part, la distance entre les deux bissectrices

(1) et (1') croît rapidement, d'autre part leur trace s'obtient facilement en formant la croix noire et ne nécessite pas des opérations aussi compliquées que le repérage d'un axe optique.

En tout cas, l'emploi de la lumière convergente, de l'éclairement commun, de la macle de Carlsbad, permet d'orienter le plus souvent les sections et de déterminer approximativement le signe et la valeur de la coordonnée sphérique λ à laquelle on a affaire.

SECTIONS PERPENDICULAIRES A n_m (Pl. XIII)

Ces sections, reconnaissables à leur biréfringence maximum et à leur image en lumière convergente, peuvent donner quelques indications utiles ; les courbes, reportées sur la planche XIII, s'expliquent d'elles-mêmes et n'ont pas besoin d'un commentaire détaillé.

SECTIONS PERPENDICULAIRES AUX AXES OPTIQUES A (Pl. XIV).

Nous avons réuni, sur un même diagramme : les extinctions simultanées E des diverses zones ; l'orientation du plan des axes optiques déterminée au moyen de la loupe de Klein dans la zone constamment éteinte et perpendiculaire à un axe A ; l'extinction des lamelles (1') maclées suivant la loi de l'albite avec le plagioclase (1) perpendiculaire à un axe A ; la biréfringence B' de ces lamelles en centièmes, enfin l'angle que fait la trace du clivage p (001) avec g^1 (010).

Ces diverses données, jointes à la faible biréfringence de toutes les zones, permettent de distinguer facilement les axes A des axes B et donnent le plus souvent un diagnostic approché des sections étudiées.

SECTIONS PERPENDICULAIRES AUX AXES OPTIQUES B (Pl. XV)

Les mêmes données ont été utilisées pour l'étude des axes optiques B ; elles sont susceptibles d'une plus grande précision. Il est important de distinguer, dans les sections perpendiculaires à A et B, les lamelles maclées suivant la loi de l'albite de celles qui suivent la loi de la péricline.

Lorsque le clivage p (001) est visible, cette distinction peut se faire facilement ; sinon les angles respectifs A ou B, E, (1') suffisent en général pour permettre d'utiliser les diagrammes sans amphibologie.

INDICES PRINCIPAUX ET ANGLE 2V DES AXES OPTIQUES (Pl. XVI)

La planche XVI représente la moyenne des nombreuses déterminations d'indices principaux des feldspaths que nous avons pu relever dans le cours de ces dernières années ; nous avons notamment utilisé celles que l'on doit à M. Fouqué et nous avons tenu compte des trois passages par 90° de l'angle 2V, bien nettement établis actuellement, quoiqu'ils ne paraissent pas s'accorder théoriquement avec l'hypothèse de Tschermak (note de M. Wallerant, *C. R.* décembre 1895). L'application du procédé Becke et la recherche des biréfringences des plagioclases intermédiaires sont facilitées par l'emploi de ce diagramme.

TROISIÈME PARTIE

ÉTUDE DÉTAILLÉE DE QUELQUES EXEMPLES

Nous avons appliqué les diagrammes précédents à l'étude d'un grand nombre de sections feldspathiques, que nous avons pu ainsi déterminer avec précision. Ainsi nous avons constaté la présence de l'albite en grands cristaux et en microlites dans les albitophyres du Bégon près d'Entrammes (Mayenne) ; de l'albite en grands cristaux dans la Kersantite du Farquet (Chablais), dans le porphyroïde du gîte numéro 7 de M. Gosselet (Ardenne), dans un grand nombre de granulites, à Montebras, etc.

L'albite est également associé, comme zone extérieure, à l'oligoclase dans un certain nombre de granites à mica noir du Plateau Central. Les divers gisements de porphyre bleu de Saint-Raphaël présentent de magnifiques associations oscillant entre l'andésine à 35 p. 100 d'An. et le labrador à 60 p. 100, et sur lesquelles je compte revenir en détail dans une monographie de la région. Mais les plus belles roches, pour l'étude des zones, sont fournies par les granites à amphibole (Saint-Léon, Allier ; Vaugneray, Lyonnais, etc.), les diorites et les diabases quartzifères. Et parmi ces dernières, je dois citer en première ligne les belles roches de la Grande Galite que j'ai pu récemment étudier, grâce à l'obligeance de M. Vélain. La variation extraordinaire des plagioclases qui comportent des zones d'oligoclase-albite, d'oligoclase, de labrador et de bytownite, parfois interverties entre elles [1], en fait une série classique pour l'étude des éclairements communs.

[1] Comptes rendus Ac. Sc., 22 juillet 1895.

C'est parmi ces roches que j'ai choisi les quelques exemples dont on trouvera des photographies planche XIX à XXI.

FACE g^1 (010)

Planche XIX, photographies 1, 2, 3 et figure 10. Grande Galite, filon noir.

C'est une roche granulitique, composée de fer oxydulé ; mica noir ; hornblende brune en partie verdie et même chloritisée, plus abondante que le mica noir ; plagioclase extraordinairement zoné ; orthose et quartz granulitique jouant le rôle de ciment des autres éléments.

L'orthose se différencie assez facilement des autres feldspaths même non maclés, par son état moins adulaire ; il est traversé par d'innombrables petites veinules parfois remplies de quartz et toujours jalonnées par de fines granulations. Quand on rencontre une section g^1 (010), perpendiculaire à n_g, les veinules se montrent voisines de la direction positive d'extinction ; elles paraissent donc parallèles à h^1 (100), comme les filonnets d'albite dans le microcline.

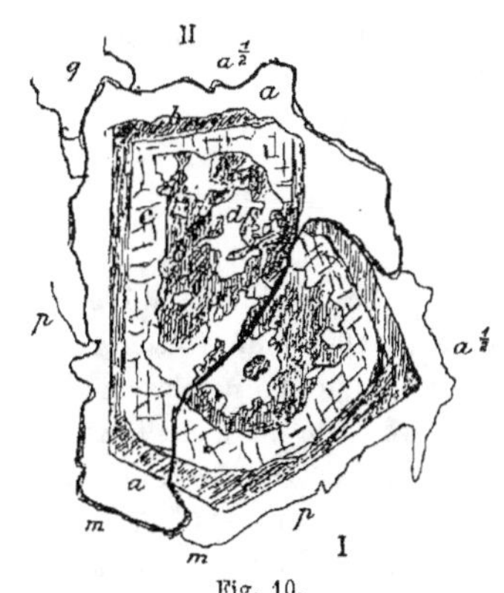

Fig. 10.

Cette granulite à amphibole a pour formule :

$$\Gamma_\beta \ldots \ldots F_4 \, MA_3 \, t_{1-3} \, o_4 \, g$$

Les plagioclases parcourent presque toute la gamme, de la bytownite à l'oligoclase acide, avec cette curieuse particularité que, souvent, la bytownite y constitue une zone intermédiaire, assez brusquement tranchée, et qui a été précédée par du labrador beaucoup plus acide. En outre, les oligoclases de bordure ont joué un rôle corrosif et se présentent souvent en facules dans le centre même du cristal de plagioclase. Ces cristaux se sont visiblement accrus au sein d'un magma immobile. Leurs dernières zones d'accroissement sont antérieures à la consolidation de l'orthose et du quartz. Grâce à la fraîcheur relative de la roche, on peut facilement appliquer le procédé Becke à ces contacts : l'orthose se montre beaucoup moins réfringent que les oligoclases de bordure. Quant au quartz, il faut traiter à part chaque cristal de plagioclase ; car ils ne se sont pas tous nourris de la même façon. Dans l'exemple que nous étudions, il y a en haut à gauche un bon contact entre un quartz (q) parallèle à son $n_g{}^q$ et la face g^1 (010) *croisée* de l'oligoclase de bordure, contenant par conséquent à peu près $n_p{}^o$ et $n_m{}^o$. On a nettement :

$$n_g^q > n_p^o \qquad \text{et} \qquad n_p^q > n_m^o$$

Mais $n_p{}^q$ est visiblement très voisin de $n_m{}^o$. C'est donc au-dessous de 22 p. 100, mais très près de cette teneur en anorthite qu'il faut ranger ici l'oligoclase de bordure (voir pl. XVI).

Le profil de la face voisine de g^1 (010), que nous étudions, montre avec évidence une macle de Carlsbad et, dans chaque cristal composant, les faces p, $a^{1/2}$, m ou t.

Les angles plans, mesurés au microscope, donnent :

$$\text{Traces } pp' = 53^\circ 30'$$
$$\text{Profil } mp = 116^\circ$$
$$- \quad pa^{\frac{1}{2}} = 98^\circ$$

Nous avons distingué quatre zones principales dont les photographies rendent bien compte :

a) Zone extérieure de plus en plus acide vers la périphérie, à passages très ménagés.

b) Passage assez brusque de *a* à *b* ; dans *b* passages très ménagés du plus acide au moins acide vers le centre.

b est éteint dans la photographie 1.

c) Passage très brusque de *b* à *c*. La réfringence varie assez brusquement pour permettre des réflexions totales ;

c est éteint dans la photographie 2, pour le cristal II ; au contraire, dans le cristal I, c'est la bordure la plus acide de b qui subit l'extinction.

d) Puis vient le cœur du plagioclase, composé de feldspath b, faculé de feldspath acide d.

Voici les extinctions relevées au microscope, en tenant compte du signe qui peut être déterminé soit au moyen de l'angle mp, soit par la méthode de l'éclairement commun. Elles sont rapportées aux traces p (001).

Cristal I (voir fig. 1)

a (extrême bordure). . .	$+$	9	E pour les zones ab . .	$+$	31°
b moyenne.	$-$	19	— — bc . .	$+$	35°
c —	$-$	32			
d —	$+$	3 .			

Cristal II

a (extrême bordure). . .	$+$	4	E pour les zones ab . .	$+$	33°
b moyenne.	$-$	24	— — bc . .	$+$	36°
c —	$-$	36			
d —	0				

Les facules d des deux cristaux I et II sont à peu près perpendiculaires aux bissectrices n_g; mais l'image est encore mieux centrée sur les bordures extrêmes a.

Pour compenser, autant que possible, l'erreur d'orientation sur g^1 (010) qui n'atteint certainement pas 5°, il convient de prendre la moyenne des valeurs obtenues :

a (extrême bordure).	$+$ 6° 30′	20 °/₀ An
b moyenne	$-$ 21° 30′	54 °/₀
c —	$-$ 32°	70 °/₀
d —	$+$ 1° 30′	26 °/₀
E pour les zones ab	$+$ 32°	
— — bc	$+$ 35° 30′	

En recourant à la planche X [extinctions sur g^1 (010)], on en déduit les teneurs spécifiées en anorthite. On remarquera avec quelle précision le procédé Becke vérifie la nature de la bordure a.

La photographie 1 (pl. XIX) montre le cristal dans la position d'égal éclairement total de la macle de Carlsbad, le polariseur étant à 45° de la bissectrice des clivages p (001). Dès lors les

zones de même nature des deux cristaux I et II se montrent
teintées de même. La bissectrice des clivages p (001) est, ici, à
+ 26° 45′ de chacun d'eux ; les plans principaux du polariseur et
de l'analyseur sont donc à — 18° 15′ des traces p (001) ; la bande
toujours éteinte tombe dans la zone b et correspond à un labrador à 50 p. 100, dans les deux cristaux I et II.

La photographie 2 (pl. XIX) correspond, pour le cristal II à l'extinction de la bytownite c (polariseur à — 34°). L'analyseur est
donc à — 2° 30′ de la trace p du cristal I, et la partie éteinte
sépare précisément la zone b de la zone a ; c'est un oligoclase à
32 p. 100.

La photographie 3 (pl. XIX) montre l'éclairement commun du
cristal II ; le polariseur a été placé à environ + 34° de p (001).
Le cristal I est donc à environ 14° 30′ de sa position d'éclairement commun ; on y voit nettement les feldspaths plus acides
former tache à côté des feldspaths plus basiques moins éteints.

La planche XX, photographies 1, 2, 3, et la figure 11 représentent une section de la zone de symétrie
d'un plagioclase très zoné, appartenant à
une granulite à amphibole de la Grande
Galite. Il y a, en plus des minéraux cités
dans l'exemple précédent, de l'épidote se-
condaire qui communique à la roche une
teinte verte.

Les macles de l'albite et de Carlsbad
existent simultanément ; le cristal II présente en outre la macle de la péricline,
dont la trace fait 85° 30′ avec g^1 (010) et
est très sensiblement parallèle au clivage
p (001).

Une série de zones traverse ce tout complexe en s'emboîtant ; elles rappellent entièrement les zones du cristal (Pl. XIX) :
il y a une série continue d'oligoclases (a) ; des andésines et des

Fig. 11.

labradors en (*b*) et, au milieu de ces derniers, une mince bande (*c*) de bytownite.

Voici les angles d'extinction et d'éclairement commun, relevés soigneusement au microscope.

	Cristal I	
	(1)	(1')
a) partie extérieure	$+ 1°$	$- 1°$
Passages insensibles à (*b*).		
b) moyenne	$- 18°$	$+ 18°$
c) —	$- 26$	$+ 26$
Eclairement commun *ab*	$+ 44$	»
— — *bc*	$+ 40$	»

	Cristal II	
	(2')	(2)
a) (moins développé)	$0°$	$0°$
b) —	$- 28$	$+ 27$
c) —	$- 38$	$+ 38$
Eclairement commun *bc*	$+ 34$	

La lumière convergente montre, dans le champ de l'objectif à immersion (ancien n° 7 de Nachet), n_p pour toutes les zones (*a*) et (*b*) du cristal II. Cette bissectrice paraît à peu près centrée pour la partie de la zone *a* qui s'éteint à $- 13°$.

Il est facile de déduire, de ces diverses propriétés et de l'examen des planches XI et XII, que le cristal n° I est situé, sur $\varphi = 0$, à $\lambda = - 64°$ environ ; et le cristal n° II à $+ 64°$.

On en conclut que :

a) correspond à	17 à 18 °/₀ d'Anorthite
b) —	45 à 50 °/₀ —
c) —	70 °/₀

La photographie n° 1 (Pl. XX) correspond à l'extinction de la zone *a*) la plus extérieure du cristal n° I ; le polariseur fait $+ 1°$ avec g' (010). Cette même zone est à peu près éteinte dans le cristal II.

Dans la photographie n° 2 (Pl. XX), le polariseur fait $- 26°$ avec g' (010) ; la bande (*c*) de bytownite du cristal (1) est éteinte ; en même temps la bande *b* du cristal (2') arrive à peu près à l'extinction.

BIBLIOTHÈQUE

La photographie n° 3 (Pl. XX) montre l'éclairement commun des zones b et c du cristal (1). La zone (a) la plus extérieure en bas à droite est un peu plus éteinte. Le polariseur est à $+ 40°$ de g' (010). Dès lors, dans le cristal (2) la bande (c) est voisine de son extinction.

SECTION PERPENDICULAIRE A UN AXE OPTIQUE B

La planche XXI, photographies 1 et 2, et la figure 12 donnent un exemple d'une pareille section, étudiée dans une plaque de la granulite verte de la Grande Galite. Seulement le cristal, beaucoup plus grossi que précédemment (50 diamètres au lieu de 20), s'est développé moins longtemps et n'a pas une bordure aussi acide que le précédent ; il possède un cœur en bytownite, une bande de labrador acide toujours éteinte et perpendiculaire à un axe B, enfin une zone externe d'andésine, passant insensiblement au labrador, tandis que la bytownite tranche brusquement sur ce dernier. Les macles de l'albite (1') et de Carlsbad (2) sont bien nettes.

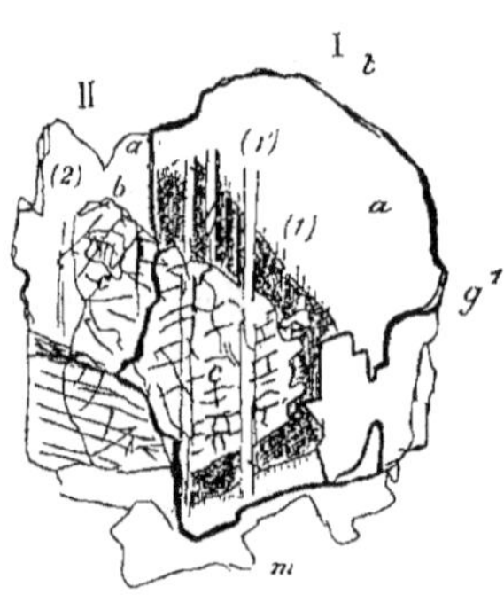

Fig. 12.

Le profil, surtout bien dessiné par la zone toujours éteinte, montre la trace des faces g' (010), m (110), t ($\overline{1}$10).

Pour déterminer le pôle de la section, il nous suffit d'étudier d'abord la zone b ;

Extinction simultanée :

E_a des zones (a) les plus extérieures. . . . . — 13° 30'

E_c de la zone (c) et des zones (a) les plus intérieures. — 11°

E_a se rapporte à la direction négative n'_p des oligoclases ; E_c à la direction positive n''_g de la bytownite.

La valeur E est prise avec le signe négatif, sans amphibologie ; car, eu égard à la forte biréfringence de la partie extérieure de la zone (a), on a affaire à coup sûr à la courbe des axes optiques B et cette courbe ne passe pas, dans sa partie où naissent des axes optiques de plagioclases intermédiaires, par d'aussi petites valeurs positives. Si nous choisissons la valeur $E_c = -11°$, le pôle cherché de la section considérée se trouve environ à $\lambda = +25°$ et $\varphi = +35°$ et correspond sensiblement à un labrador acide à 49 p. 100 d'anorthite ; pour $E_a = -13° 30'$, il faudrait descendre à 46 p. 100 (Pl. XV).

Diverses vérifications peuvent d'abord être obtenues dans la même zone b : le plan des axes optiques, repéré en lumière convergente, par rapport à la trace g' (100) au moyen de la loupe de Klein, est à $-56°$. En outre les lamelles (1') donnent, au passage de cette zone toujours éteinte, une extinction à $-25° 30'$. Le diagramme, planche XV, montre que ces données correspondent à un labrador à 45 p. 100.

Ainsi donc, l'étude de la zone b fixe, à 4 p. 100 près d'anorthite, la composition du plagioclase de cette zone et donne en outre les coordonnées sphériques du pôle de la section.

Dès lors nous pouvons aborder l'étude des zones (a) et (c) en comparant leurs extinctions à celles des épures des principaux plagioclases pour le même pôle. Ces extinctions sont rapportées, comme toujours, à n'_p.

	(1)	(1')
Cristal I		
Zone extérieure (a)	$-13° 30'$	$-22°$
Zone (c)	$+79°$	$-30°$

	(2)	
Cristal II		
Zone (a).	$+2°$	»
Zone (b).	$+1°$	»
Zone (c). . . .	$0°$	»

Voici, comme termes de comparaison, les données des épures générales, pour le pôle en question et ses conjugués :

	(1)	(1')	(2)
Epure IV ; andésine à 34 °/₀.	$-15°$	$-24°$	$+3°$
Epure VI ; labrador bytownite à 60 °/₀ .	$+79°$	$-28°$	$+0°$
Epure VII ; anorthite à 96 °/₀.	$+75°$	$-39°$	$+3°$

La zone (a) est un peu plus acide que l'andésine à 34 p. 100, tout au moins dans sa partie externe. La zone (c) est un peu plus basique que la bytownite à 60 p. 100.

La photographie 2 (Pl. XXI) représente le cristal dans la position de l'extinction simultanée des zones acides (a et b); le polariseur est à — 13°30' de la trace g^1 (010); l'angle pg^1 (001) (010) obtus est donc à gauche de l'observateur, ce que confirment d'ailleurs les profils m et t. La section est voisine de la face $c^{\frac{1}{2}}$.

La photographie 1 (Pl. XXI) représente le même cristal à peu près à 45° de l'extinction simultanée ; le polariseur est à environ + 30° de g^1 (010). On remarquera que, dans cette position, les cristaux (1) doivent être à leur maximum de biréfringence. Ce maximum est naturellement 0 pour la zone (b) toujours éteinte. D'après les épures générales, il serait de :

0,00 84_ (c) pour l'anorthite.
0,00 22   pour le labrador bytownite à 60 %.
0,00 15_ (a) pour l'andésine à 34 %.
0,00 37   pour l'oligoclase à 28 %.

En réalité la biréfringence de (a) est sensiblement la même que celle de (c) ; les réflexions totales assombrissent la bytownite sur la photographie.

Les exemples qui précèdent montrent la sensibilité des procédés optiques qui peuvent désormais être appliqués au diagnostic des plagioclases. Parmi ces procédés, l'emploi des éclairements communs est certainement un des moyens les plus efficaces pour orienter les sections étudiées. Quand on pense qu'il s'agit de déceler en plaque mince une dissymétrie géométrique aussi peu sensible que la détermination de l'angle obtus et de l'angle aigu pg^1 (001) (010), on est porté à penser que l'emploi de l'éclairement commun se répandra rapidement, malgré ses quelques incertitudes.

Encore convient-il de remarquer que, parmi ces incertitudes, il en existe une qui a une portée théorique : les quelques degrés de différence que nous avons signalés entre les éclairements communs ou les extinctions simultanées des zones acides et basiques, paraissent prouver en effet que tout ne se passe pas au point de vue optique, comme si les plagioclases intermédiaires étaient de simples mélanges d'albite et d'anorthite. Comme pour la plupart des lois naturelles, nous aboutissons à une première approximation et non à la vérification d'une loi mathématique.

CONTRIBUTION A L'ÉTUDE DU MICROCLINE

Les nouvelles méthodes graphiques, pour l'étude des propriétés optiques, peuvent s'appliquer au microcline : M. de Cloizeaux[1] a déterminé avec une telle précision les constantes optiques de ce feldspath que l'épure fondamentale (Pl. XVII) peut être tracée sans difficulté.

Voici les principales données de l'épure, comparées à celles de M. Des Cloizeaux :

$$
\begin{array}{llll}
 & g^{1}\ (010) & p\ (001) & \\
n_p \text{ fait avec les pôles.} & \begin{cases} » & 90^\circ & D x. \\ 73^\circ & 95^\circ & \text{Epure} \end{cases} \\
n_g \text{ fait avec les pôles.} & \begin{cases} 17^\circ\ 45' & 81^\circ\ 30' & D x. \\ 18^\circ & 81^\circ & \text{Epure} \end{cases} \\
2V = & \begin{cases} 83^\circ\ 42'\ \text{(moyenne)} & D x. \\ 81^\circ & \text{Epure} \end{cases}
\end{array}
$$

Vérifications. — D'après M. Des Cloizeaux, n_p fait 6° avec l'intersection de p (001) et du plan principal n_p n_m d'avant en arrière; n_g fait 9° avec l'intersection de p (001) et du plan principal n_g n_m de droite à gauche. L'épure donne les mêmes résultats.

L'extinction doit se faire (épure) et se fait (Dx) sur p (001) à + 16° et sur g^1 (010) à + 5° de pg^1 (001) (010), en prenant les signes de Max Schuster.

Avant d'aborder l'étude des sections perpendiculaires aux bissectrices, il convient de fixer la position du plan d'assemblage de la macle perpendiculaire à g^1 (010), analogue à celle de la péri-

[1] Des Cloizeaux. *Ann. de Chimie et de Physique*, t. IX, 1876.

cline et dont on voit encore la trace sur les sections voisines de g^1 (010). D'après M. Des Cloizeaux, cette trace fait 99° avec p (001) et 17° avec h^1 (100) et se trouve par conséquent dans l'angle obtus ph^1 (001) (100). Les filonnets d'albite se rapprochent de h^1 (100).

Voici maintenant les données fournies par l'épure, pour les sections perpendiculaires aux bissectrices ; perpendiculairement à n_g, on a :

	AVEC LA TRACE g^1 (010) (épure)	AVEC LA TRACE p (001)	
		épure	microcline de Oui (Oural)
Plan des axes (n_p). . . . . Microcline (1).	+ 66°	+ 6°	+ 7°
Trace p (001).	+ 60°	0°	0°
Macle de la péricline	— 22°	— 82°	— 80°
Filonnets d'albite (direction parallèle à h^1 (100).	— 12°	— 72°	— 72°
Extinction du microcline (1'). . .	+ 55°	— 5°	+ 2°
Eclairement commun (1) et (1'). .	— 8°	+ 22	+ 22°

Perpendiculairement à n_p, les épures du microcline et de l'albite donnent :

	AVEC LA TRACE g^1 (010)			
	ÉPURE		MICROCLINE DE OUI (Oural)	
	Perpendiculairem. à n_p	$\lambda = + 68°$ $\varphi = + 5°$		
Extinction (1) du microcline suivant n_m	+ 7°	»	+ 3°	Recouvrements bien centrés.
Microcline (1)	»	+ 9°	+ 9°	Lamelles mal centrées.
Microcline (1').	— 19°	— 12°	— 14°	
Filonnets d'al- (lamelles (1).	— 17°30'	— 15°30'	— 15°30'	
bite . . . . (lamelles (1').	— 14°	— 14°	— 14°	
Eclairement { de l'albite. .	— 44°	45°	45°	
commun { du microcline.	+ 18°	+ 35°	+ 35°	
(1) et (1')				
Trace p (001)	+ 87°	+ 89°	+ 89°	

La comparaison avec les données fournies par l'observation

directe, est très difficile, parce que la structure complexe du microcline fausse entièrement, en général, les données de la lumière convergente; il faut opérer en plaque très mince et ne s'adresser qu'à des types exceptionnels, à lamelles aussi larges que possible. Un microcline de Oui (Oural) dont M. Fouqué a bien voulu me confier l'étude, m'a seul fourni, parmi de nombreuses plaques, quelques données un peu nettes dans les sections perpendiculaires aux bissectrices. Ce sont ces données, relevées au microscope, qui figurent, comme termes de comparaison, à côté de celles de l'épure. En outre, au point de vue des éclairements communs, on est près du pôle d'indétermination.

Pour n_g, les correspondances sont satisfaisantes. Les plaques sont d'ailleurs bien centrées en lumière convergente et présentent des plages d'apparence homogène, assez étendues.

Pour n_p, la taille n'est pas perpendiculaire à la bissectrice des lamelles (1), mais bien à celle d'un mélange de (1) et (1'). On peut même, au moyen des extinctions des lamelles d'albite, se rendre un compte approximatif des pôles des lamelles (1) et (1') de microcline; ces pôles seraient à l'intersection des coordonnées sphériques $\lambda = + 68°$, $\varphi = \pm 5$. Les données de la deuxième colonne du tableau ont été relevées, pour ces pôles, sur les épures de l'albite et du microcline. Elles procurent une vérification satisfaisante de l'hypothèse ainsi faite, d'ailleurs corroborée par la position excentrée de n_p dans les lamelles (1) pures du microcline.

Ces diverses constatations permettent de vérifier l'extrême exactitude des données optiques dues à M. Des Cloizeaux et de considérer l'épure planche XVII comme représentant convenablement les propriétés du microcline.

Perpendiculairement à n_m, l'extinction se fait à $+ 15°$.

Perpendiculairement aux axes optiques, on relève les données suivantes :

	PLAN des axes.	(1')	(2)	(2')
A	$- 81°$	$- 7°$	$+ 29°$	$+ 1''$
B	$- 75°$	$- 77°$	$- 13°$	$- 40°$

La zone de symétrie perpendiculaire à g^1 (010) passe à 0° pour
$\lambda = + 80°$; elle se relève rapidement et atteint le maximum de
$+ 19°$ pour $\lambda = + 30°$. Le diagramme ci-joint (fig. 13) montre avec
évidence que la lamelle (1) présente de très nombreuses extinctions entre 15 et 19°. Quant à la lamelle (2) de la macle de Carlsbad
on voit qu'entre $\lambda = - 65°$ et $+ 65°$ elle s'éteint simultanément

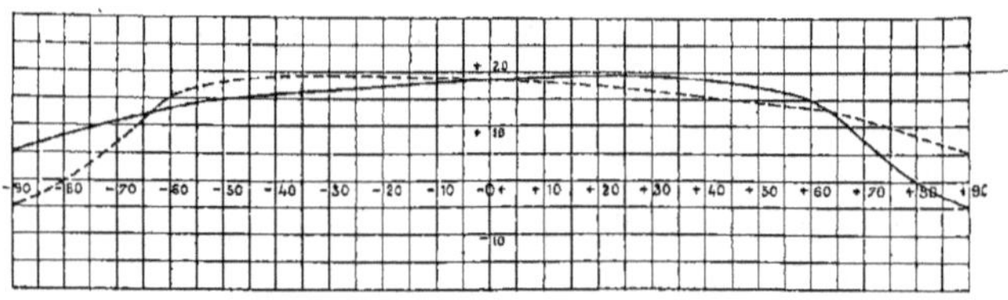

Fig. 13.

avec la lamelle (1) à 2° près. C'est une propriété analogue à celle
de l'albite et que M. Lacroix a eu l'occasion de vérifier pratiquement. Comme (1') s'éteint aussi avec (2'), elle peut masquer
l'existence de la macle de Carlsbad.

L'égal éclairement total de la macle de l'albite s'applique
rigoureusement aussi à la macle perpendiculaire à g^1 (010), analogue à celle de la péricline des plagioclases. Le cristal entier de
microcline paraît uniforme et ne laisse plus distinguer que les
filonnets d'albite, à la condition que la plaque soit très mince.

Nous avons représenté (pl. XVIII) les données principales de
cet éclairement commun ; toutes les courbes E convergent vers
les pôles de g^1 (010) et vers un pôle situé sur la trace de g^1 (010)
pour $\varphi = 0$ et $\lambda = + 80''$, à 7° seulement de celui de la macle
analogue au péricline.

Il est facile de voir que, grâce à cette coïncidence, les courbes
qui figurent les angles que fait cette macle avec la trace de
g^1 (010), suivent de près les courbes E mais avec des valeurs
doubles de l'angle : ainsi les courbes 0° coïncident à 5° près, les
courbes E = 45° suivent à 2° près les grands cercles suivant lesquels la macle analogue à la péricline est à 90° de g^1 (010) ; etc.
En d'autres termes, l'égal éclairement total se fait toujours à peu

près suivant les bissectrices du réseau quadrillé du microcline, quel que soit son angle. C'est une propriété intéressante et qui se vérifie facilement dans les granulites à microcline dont les sections se présentent dans toutes les orientations possibles. Citons aussi comme commodes pour cette vérification les leptynites du Plateau Central.

L'éclairement commun passe par un maximum d'intensité lumineuse pour $\varphi = 0$ et $\lambda = -20°$, au voisinage et à environ 5° du pôle de p (001). Les formules précédemment données (p. 77) permettent de calculer que ce maximum est égal aux 82 centièmes de la biréfringence totale du microcline ; en supposant cette dernière égale à 0,007, on arrive à 0,0057, contre 0,003 sur g^1 (010), et 0,0024 au pôle d'indétermination pour $\lambda = +80°$.

La courbe $b = 0$ des extinctions simultanées passe par les axes optiques et les pôles g^1 (010) ; elle n'est pas éloignée du méridien à $+80°$.

Les photographies planche XXI, figures 3 et 4, représentent une section p (001) du microcline de Permacouil près Chandernagor ; dans la figure 3, le polariseur est parallèle à g^1 (010), il en est à 45° dans la figure 4. Nous avons déjà fait remarquer que cette propriété démontre que, abstraction faite des filonnets d'albite, il n'y a que deux corps optiquement différents en présence, qui sont ici le microcline (1) et son retournement (1') suivant la loi de l'albite.

EXPLICATION DES PLANCHES

Dans toutes les planches, n_g, n_m, n_p désignent le plus grand, le moyen et le plus petit indice de réfraction ; A et B les axes optiques, B_1 et B_2 les biréfringences ; E l'angle que fait la section principale du polariseur, au moment de l'éclairement commun, avec les traces g^1 (010) ou p (001) ; b l'intensité lumineuse de cet éclairement commun, évalué en biréfringence ; (1) le cristal fondamental, (1') le cristal retourné suivant la macle de l'albite, (2) suivant celle de Carlsbad, (2') les lamelles (2) retournées suivant la loi de l'albite.

Les chiffres romains de 1 à VII renvoient aux épures fondamentales du 1er fascicule ; I albite ; II oligoclase à 18 p. 100 d'An. ; III oligoclase à 28 p. 100 ; IV andésine à 34 p. 100 ; V labrador à 47 p. 100 ; VI labrador-bytownite à 60 p. 100 ; VII anorthite à 96 p. 100.

Les courbes d'extinctions et d'éclairement commun sont en rouge ; elles jalonnent, sur l'épure stéréographique, le lieu des pôles des sections qui présentent les mêmes angles d'extinction ou d'éclairement commun rapportés à la trace g^1, avec le signe $+$ lorsque l'angle se compte dans le sens des aiguilles d'une montre à partir de cette trace, et avec le signe $-$ dans le sens opposé.

Les courbes de biréfringence sont estompées en bistre ; sur l'épure du microcline (pl. XVII) elles représentent, en dixièmes de la biréfringence maximum, les pôles des sections ayant 0,25 ; 0,35 ; 0,45 ; 0,55 ; 0,65 ; 0,75 ; 0,85 de ce maximum, quand on part d'un axe optique A ou B où la biréfringence est nulle, pour se diriger vers n_m où la biréfringence est maximum.

Sur les planches IX et XVIII, la biréfringence b est exprimée en millièmes et représente une différence d'indices.

Les autres explications utiles sont mentionnées explicitement sur les épures et les diagrammes.

Les épures stéréographiques sont projetées sur un plan perpendiculaire à $h^1 g^1$ (100) (010), avec le pôle p (001) dans le quadrant inférieur de droite.

BIBLIOTHÈQUE NATIONALE — IMPRIMÉS.

TABLE DES MATIÈRES

EVREUX, IMPRIMERIE DE CHARLES HÉRISSEY

LIBRAIRIE POLYTECHNIQUE, BAUDRY ET Cⁱᵉ, ÉDITEURS
Paris, 15, rue des Saints-Pères. — Liège, rue de la Régence, 21.

EXTRAIT DU CATALOGUE

Les Minéraux des roches.
Les minéraux des roches. 1° Application des méthodes minéralogiques et chimiques
à leur étude microscopique, par A. Michel Lévy, ingénieur en chef des mines. 2° Données physiques et optiques, par A. Michel Lévy et Lacroix. 1 volume grand in-8°,
avec de nombreuses figures dans le texte et une planche en couleur . . . . . 12 fr. 50
Le Tableau des biréfringences seul . . . . 4 fr.

Tableaux des minéraux des roches.
Tableaux des minéraux des roches. Résumé de leurs propriétés optiques, cristallographiques et chimiques, par Michel Lévy et Lacroix. 1 volume in-4° relié . 5 fr.

Roches éruptives.
Structures et classification des roches éruptives, par A. Michel Lévy, ingénieur en
chef des mines. 1 volume grand in-8° . . . . 5 fr.

Enclaves des roches volcaniques.
Les enclaves des roches volcaniques, par A. Lacroix, professeur de minéralogie au
Muséum d'histoire naturelle. 1 volume grand in-8°, avec 8 planches en couleur. 40 fr.

Minéralogie de la France.
Minéralogie de la France et de ses colonies. Description physique et chimique des
minéraux, étude des conditions géologiques de leurs gisements, par A. Lacroix.
Tome Iᵉʳ. 1 volume grand in-8°, avec de nombreuses figures dans le texte. . . 30 fr.
Nota. La 1ʳᵉ partie du tome II sera mise en vente dans le milieu de l'année 1896.
La fin du tome II paraîtra en décembre 1896.

Traité de minéralogie.
Traité de minéralogie à l'usage des candidats à la licence ès sciences physiques et
des candidats à l'agrégation des sciences naturelles, par Wallerant, professeur à la
Faculté des sciences de Rennes. 1 vol. grand in-8°, avec 341 fig. dans le texte. 12 fr. 50

Traité des gîtes minéraux et métallifères.
Traité des gîtes minéraux et métallifères. Recherche, étude et conditions d'exploitation des minéraux utiles. Description des principales mines connues. Usages et
statistique des métaux. Cours de géologie appliquée de l'École supérieure des mines,
par Ed. Fuchs, ingénieur en chef des mines, professeur à l'École supérieure des
mines, et De Launay, ingénieur des mines, professeur à l'École supérieure des mines.
2 volumes grand in-8°, avec de nombreuses figures dans le texte et 2 cartes en couleur. Relié . . . . 60 fr.

Étude industrielle des gîtes métallifères.
Étude industrielle des gîtes métallifères. — Classification des gîtes; formation des
fractures et cavités; remplissage des gîtes; gîtes sédimentaires; les minerais; gîtes
caractéristiques; études minières; traitement des minerais; étude économique d'un
gîte, par G. Moreau, ingénieur des mines. 1 volume grand in-8°, avec de nombreuses
figures dans le texte. Relié . . . . 20 fr.

Géologie appliquée.
Géologie appliquée à l'art de l'ingénieur, par E. Nivoit, ingénieur en chef des mines,
professeur à l'École des ponts et chaussées. 2 volumes grand in-8°, avec de nombreuses
figures dans le texte . . . . 40 fr.

Carte géologique de la France au 80 millième.
Carte géologique détaillée de la France à l'échelle du 80 millième publiée par le
ministère des Travaux publics, comprenant 267 feuilles de 94 centimètres sur 72 centimètres.
PRIX DE CHAQUE FEUILLE ACCOMPAGNÉE DE SA NOTICE EXPLICATIVE
En feuilles . . . . 6 fr.
Collée sur toile et pliée . . . . 10 fr.

Carte géologique de la France au millionième.
Carte géologique de la France à l'échelle du millionième exécutée en utilisant les
documents publiés par le service de la carte géologique détaillée de la France par
un comité composé de MM. Barrois, Bergeron, Bertrand, Depéret, Fabre, Fontannes,
Fouqué, Gosselet, Jacquot, Lecornu, Lory, Michel Lévy, Potier et Vélain, sous la
direction de MM. Jacquot, inspecteur général des mines, et Michel Lévy, ingénieur
en chef des mines, 4 feuilles de 65 centimètres sur 60 centimètres, imprimées en
11 couleurs.
Prix : Collée sur toile et pliée . . . . 15 fr.
Collée sur toile, montée sur rouleaux et vernie . . . . 20 fr.
En feuilles . . . . 9 fr. 50

ÉVREUX, IMPRIMERIE DE CHARLES HÉRISSEY

www.ingramcontent.com/pod-product-compliance
Lightning Source LLC
LaVergne TN
LVHW022248030726
842520LV00009B/1504